TSINGTA

创意策划
朱军海

责任主编
吴楚越

执行主编
冷雪

责任校对
孟依

责任监印
刘程程

酒杯摄影
青岛以观广告有限公司

设计制作
青岛大发文化创意有限公司

酒杯出品
青岛啤酒博物馆

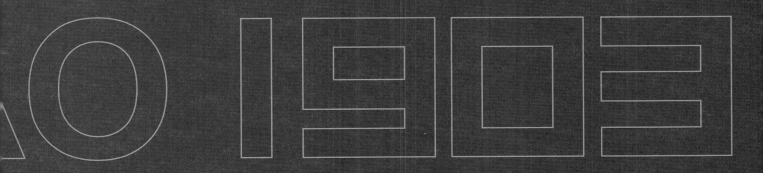

时光之器

由啤酒杯开启好时光

OPENING A GOOD TIME WITH BEER GLASS

青岛啤酒文化传播有限公司 编著

中国海洋大学出版社

·青岛·

A TALE OF
BEER GLASSES

TSINGTAO 1903

GLASS

序言

THIS GLASS OF BEER IS A TOAST TO TIME　这一杯·敬时光

诗人说：酒的故事，总是在繁华光阴中悠然流转，而盛满美酒与感动的却是述说往事的杯子。

我总觉得，酒与杯的关系是种必然里的偶然。懂酒的人会知道，同样的酒放到不一样材质和造型的酒杯中，色泽和口感也会有奇妙无穷的变化。这种奇妙，得先从酿酒说起。

啤酒从在糖化锅到发酵罐，再到酒桶，一直有恰当的容器去承载、去酝酿，直至舌尖味蕾的品鉴，这个过程形成了一种美好的关系。而酒杯的意义，就是郑重且有仪式感地将美好定格。

人们说，上善若水，水利万物。酒和水有着同样的灵性，无论在桶中还是杯中，都以圆润之道酝酿、生长，像流淌的音符，用独有的韵律传递喜悦；又像时光的沉淀，默默守候着成熟的底色。

在探索啤酒的世界时，不要忘记啤酒杯也是文化和历史的记录者。追溯到几千年前，当时的人们普遍使用木头、牛角和陶器，甚至是涂过柏油的皮具充当啤酒杯，而富人会使用水晶杯、锡杯、银杯、瓷器等。直到19世纪后半叶，伴随着工业革命的产生，玻璃器具可以由机器大规模的生产之后，人们才开始得以享受由玻璃酒杯盛放啤酒带来的卓越品质。自此之后，玻璃酒杯就成为当下最受欢迎的时尚啤酒器皿之一，也是展示饮酒之美的最佳艺术品。

美国作家汉密尔顿曾经说过："仪式感是对时间和空间的一种尊重，是对生活和人生的一种态度。"就像酒杯是器物，是仪式，亦是对生活的热爱、尊重和对美好的追求。每当色泽饱满的酒液盛满酒杯，都仿佛一次丰收的过程。春华秋实、波澜不惊，却映射着生命的张力，如一种崇高的敬畏，而酒杯与酒之间，就是这种生命传承里的心有灵犀。

如果说酿酒的美好期许，是注入一只恰逢其会的酒杯，那么酒杯的期许一定是感悟酒中的美好。

端杯之后，喝的是酒，品的是人生的轻重缓急。从冰杯、赏酒，再到闻香、饮尽，唇与杯、心与酒之间的感触，是时光里的美好回忆，是欢愉幸福的当下，是充满期待的未来。杯里盛的是时光，酒里荡涤的是自由。所以说，造杯必得懂酒、知酒，酒杯可以洞见生活，而选择杯型的过程，形同一种阅读生活的方式，需要非常了解酒的个性，懂得如何酿酒，更懂得如何品酒，因为只有真正读懂酒性的人，才能顺其美、赏其韵、悦其味，呈现啤酒纯粹的特色。如同好的Hi-Fi音乐，从音频采集、录音混音、母带制作、后期编辑、唱片发行到选择播放设备及环境，每一个步骤都精益求精，每一个细节都追求极致，如此才能确保高保真声音传递，完美诠释音乐的情感，让人聆听的时候仿佛身临其境、触手可及。

当然，酒杯的呈现更是一种审美，是工业美学、生活美学融合的器物。如果说杯中的酒，是容纳万象的幸福记忆，是曼妙时光的精彩剪影。那酒杯则承载着生活里向上的精神需求以及追求美而舒适的生活态度。中国古话有"杯满为礼,不溢为敬"，酒满心诚，情深意长。我们以举杯来致敬生活理想，以碰杯来分享人生喜悦，以干杯让美酒叩响每一帧难忘的美好瞬间，好啤酒让生活更美好！

值此青岛啤酒博物馆创立20周年之际，以此图册，献给寄怀时光之美的每一位朋友。因为，真正打动人心的不仅是那一杯青岛啤酒，更是那透过时光之器而品味出的快乐……

朱军海　2023年8月15日
于青岛啤酒博物馆

注：Hi-Fi是英语High-Fidelity的缩写，翻译为"高保真"，其定义是，与原来的声音高度相似的重放声音。

这是一场
酒杯
对啤酒的告白

THIS IS A CONFESSION
TO BEER
FROM THE GLASSES

寄语一

**TAG ART MUSEUM FNDR
MENGXIANWEI : "FILL UP A GLASS OF ARTWORK FOR TONGUE."**

西海美术馆创始人孟宪伟："斟满一杯舌尖上的艺术品。"

　　当你想做一些很浪漫的事，就会想离海近一些。谈及艺术、大海和城市，青岛早已存在一种自然禀赋和历史的积淀。我作为一个久居内陆城市的啤酒爱好者，对这座海滨城市总是有一种期许。每当夏季的风吹进城市的角落，便处处升腾起人间烟火，我知道，此时手中的酒杯又该端起来了。

　　探索生活与艺术间的奥妙是我们灵魂的根基和追求，亦是我们不断寻找的美好与真实。青岛啤酒博物馆与西海美术馆之间有着交相呼应的绝妙之处，莹透的玻璃酒杯散发出的浓郁诗意和优雅气质，是典藏品与城市图腾的相互衬映，让酒杯本身成为一件美轮美奂的艺术品。

　　西海美术馆拒绝克隆的建筑设计，12个展厅虽然相互连通，但也独具特色。这一点与青岛啤酒不谋而合，为了释放啤酒饮用最佳口感，青岛啤酒这个百廿企业为每一款啤酒定制了契合其脾性的酒杯。

　　从好人好酒的酿造初心至专酒专杯的匠心，青岛啤酒为每一位朋友，礼献国际化的饮酒体验。江河湖海，草木山风，在毫厘间的净透中，遥见麦田旷野的无边风月。青岛啤酒用一只酒杯引领时代的饮酒风尚，让啤酒艺术抵达生活。

　　蒋勋先生曾说过："美的力量能唤醒心灵，改变自己进而改变生活。"从纤薄玻璃杯窥探一个新鲜的啤酒世界，让啤酒与艺术达到了交响的共鸣。这是畔海而生的生活美学，亦是跨文化、跨媒介的创新表达形式。品质坚守代代相传，工艺变革代代创新，青岛啤酒"专酒专杯"打破桎梏，不断探索美味密码，为醇厚啤酒赋予新的呼吸频率，以完美的姿态呈现在消费者面前。

　　杯中美酒映出万千世界，我与你共同期待下一只新杯的精彩……

孟宪伟　2023年8月15日
于西海美术馆

寄语二

TSINGTAO BEER MUSEUM CURATOR SUNJI :
"ONE GLASS OF BEER IS ONE GLASS OF JOY, A TOAST BRINGS A GATHERING."

青岛啤酒博物馆馆长孙姬："一杯啤酒，一份美好，一次碰杯，一场欢聚。"

　　啤酒伴随人类发展数千年，总是伴随着快乐、欢聚、庆祝团圆而出现，啤酒喝的不仅是心情与氛围，更是生活和文化，而啤酒杯正是这样美好仪式感的载体。

　　时光之器这本书承载了丰富的啤酒知识、快乐的啤酒文化、精致的啤酒生活。通过对各种各样酒杯的解读，融汇展示了啤酒的经典与时尚，深入浅出，生动立体，让更多的人了解啤酒，热爱啤酒，它就像一座移动的青岛啤酒博物馆，每一页都是流传千年的文化精华，每一页都体现了青岛啤酒的匠心精神。以此为媒介，让您更加方便地走进啤酒的世界，期望有更多的啤酒爱好者走进这个美好的世界。

孙姬　2023年8月15日
于青岛啤酒博物馆

THE MOS
MEMORA
MOMENT
THE STOR
IN BEER

BLE
S ARE
IES

难忘的是，酒杯里的酒。
回味的是，酒里的故事。

**THE MOST UNFORGETTABLE THING IS
THE BEER IN GLASS**.

"酒逢知己饮，诗向会人吟。"真正懂酒的人，不仅懂选择什么样的酒，更懂选择什么样的器皿，当好酒适逢好酒杯自然能增酒色，添酒香。

真正爱啤酒的人，不仅爱啤酒带给人的快乐，更爱借由啤酒举杯畅饮，对生活的美好向往，对未来的憧憬期许。这一"杯"是热爱的承续，更是美好生活的新序……

beer glass

& beer

1'

饮酒之器的
艺术

1pint即1品脱
在英国约为568ml
在美国约为473ml
在青岛啤酒博物馆为500ml

古老的啤酒杯

16世纪初期，德国法律规定："食品饮料器皿必须要有盖"。

因此最早的啤酒杯总是配有锡制盖。这种金属盖子往往附带按把，方便使用者在单手持杯的时候可以同时用拇指打开盖子。等级越高的啤酒杯，其盖子往往越精致，有繁复的刻花图案。

1970年　唐兽首玛瑙杯出土于陕西省西安市南郊何家村
收藏于陕西历史博物馆

锡制盖啤酒杯

THE HISTORY
OF GLASS

世界玻璃杯起源

　　最早的玻璃制造者为古埃及人，从4000年前的美索不达米亚（今伊拉克地区）和古埃及的遗迹里，都曾有小玻璃珠出土。而在美索不达米亚地区北部还出现了雕刻的版画，上边画着两个人用很大的容器正在喝着"啤酒"，可以作为啤酒杯的溯源。

　　让玻璃具有更大的美学价值，要归功于古罗马人发明了吹制玻璃的工艺，使得玻璃可以随心制成不同的样式。教会认为玻璃制造和异教有关，抑制了玻璃在中世纪时期的生产，所以早期透明的玻璃啤酒杯主要用来盛放最昂贵的啤酒。

美索不达米亚地区北部的雕刻版画

1990年　战国水晶杯出土于浙江杭州半山镇石塘村战国墓
收藏于杭州博物馆

中国玻璃杯起源

　　早在战国时期，就有酷似现代玻璃杯的杯子，它由一块完整的天然水晶打造出来，能够把坚硬的水晶打磨出光滑的杯身，而且杯子内部呈现由宽变窄的形状，如此鬼斧神工的水晶加工技术，体现了祖先们聪明的智慧和高超的技艺！

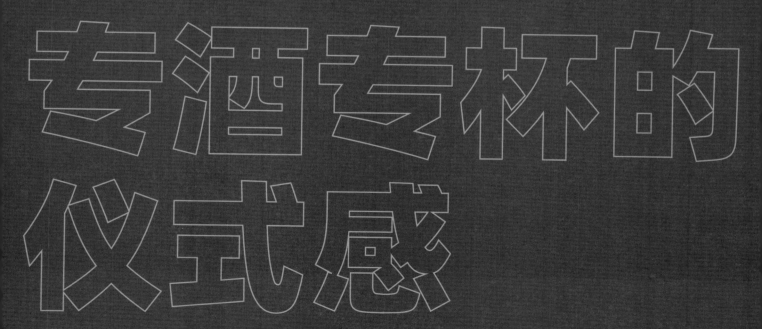

专酒专杯的
仪式感

2014年，为第一家"TSINGTAO 1903 社区客厅"酒吧设计制作的酒杯。

ORIGINAL BEER *GLASS*

第一款青岛啤酒专酒专杯

杯体中间印有奥古特标识，
为致敬青岛啤酒第一任酿酒师——汉斯·克里斯蒂安·奥古特，
曲线型透明杯身，
可以看到因保留一定量鲜活酵母而呈现的浑浊酒液，
杯口宽且内弯，可以更好保留洁白细腻的啤酒泡沫，让香气更浓郁，
收腰的设计，便于手持，也避免了手温影响啤酒口感，
整体设计，别具匠心，
让青岛原浆啤酒的色泽、香气、味道、口感达到艺术鉴赏级别。

原浆是以往酿酒师才能喝到的啤酒，
源于在生产过程严格遵守"三不"原则（不过滤、不稀释、不杀菌），
富含活性酵母，比较娇贵，保质期仅有7天。

RASTAL
0,5l

SAHM
0,5l

原浆杯

无论是相距千里，还是身处青岛，
喝到最纯正的青岛啤酒原浆，
如今已不再是难题，
配以新的专杯来品鉴，
更能让消费者感受原浆的鲜醇魅力。

PILSNER G

饮者透过这杯"纯粹的金黄"，
任金色酒液缓缓流淌，
经由唇齿轻呷入胃，
浓郁的麦香丰满立体，
一口苦爽，再饮，苦味褪，甘甜生，
如同生活百味，不过是苦尽甘来。

LASS

RITZENHOFF
0,3l

■ 青岛啤酒皮尔森
荣获德国2018年"欧洲啤酒之星"大奖。

皮尔森杯

专为青岛啤酒皮尔森设计的酒杯,
牛角杯造型设计可以延长头部泡沫的持续性,让香气扩散,
透明杯身可以完美呈现酒液的金黄色泽,
更好地欣赏泡沫上升的美感,
杯脚设计易于手指拿捏,
尽显优雅的同时最大化地保证啤酒本真味道。

■ 1906年,青岛啤酒皮尔森
荣获慕尼黑博览会金奖。

全麦白啤杯

RITZENHOFF
0,3l

■ 青岛啤酒白啤荣获德国2019年"世界啤酒锦标赛"大奖。

发源自德国的小麦啤酒杯有着优雅的曲线，
细长底窄的杯型突出白啤，
朦胧云雾状的外观和颜色，
宽口酒杯留住的更多泡沫，
与收口存贮的独特丁香花味与果香，
让人欲罢不能。

白啤起源于中世纪的欧洲，因深受宫廷贵族钟爱并专享，成为
当时身份的象征，一度被誉为"贵族啤酒"。
　　青岛啤酒白啤100%全麦酿造，不经过滤且含有酵母，因酒体浓
厚、色泽微白的独有外观而得名。

HLB
0,3l

青岛啤酒白啤，
一种不适合豪饮的啤酒，
在安静的时光中，细细品味原酿花香，
为繁忙的日子，留一点空白，
是热爱生活的一种仪式。

WHITE BEER

IPA *GLASS* ×

以专属酒杯呈现IPA的"高颜值"，
一观、二闻、三品的品酒三部曲，
让饮酒者优雅品饮IPA。

RASTAL
0,4l

IPA杯

专属IPA酒杯别具一格，
手握部分呈高腰流线型，
阔口酒杯完美呈现琥珀色酒液，
让丰盈泡沫充分溢至杯口，
宽敞杯肚肆意的捕捉着啤酒的香气，
让饮者在大口吞咽啤酒的同时，
感受酒液中花果芳香和浓郁苦感。

300年前，航海时代造就IPA，
300年后，青岛啤酒传承"上面发酵"的古法酿造工艺，
历时三年研制出苦感更为柔和舒适，
酒花香更富层次的青岛啤酒IPA。

■ 第一代黑啤杯

■ 第二代黑啤杯

由SAHM和世界啤酒侍酒师冠军Oliver Wesseloh
共同研发:汉堡高脚杯。

STOUT**GLASS**
黑啤杯

黑啤杯，经过三次迭代，杯型不断升级，整体杯型更显内敛稳重气质。

SAHM	SAHM	RASTAL
0,2l	0,33l	0,33l
（第一代）	（第二代）	（第三代）

青岛啤酒是中国黑啤的创始者

早在1903年，青岛啤酒的广告上已经提到生产慕尼黑风味黑色啤酒。

第三代黑啤杯

青岛啤酒黑啤

透过高品质玻璃杯体，
如黑玛瑙般的酒液，
散发着莹润的光泽，
带着时间的浸润，高贵而优雅，
而随着杯体口径的变化，
黑啤咖啡般焦香特质呈现得淋漓尽致，
浓厚的口感如同一曲历久弥香的爵士乐，
让饮者久久回味。

青岛啤酒黑啤荣获2018年
"世界啤酒锦标赛"金奖。

1906年青岛啤酒黑啤
荣获慕尼黑博览会金奖

DRAFT BEER GLASS

高且直立的杯型，又细又长的圆柱
更好地展现啤酒气泡的涌动，直对
凸显生啤鲜爽口感，杯型更适宜转

初代纯生杯

纯生是以膜过滤技术，
扩容了人们对啤酒的认知边界，
刷新了饮者对啤酒口感的新鲜体验，
带给舌尖味蕾乃至身心的生鲜味美，
犹如身处原生态中的清新辽阔、美好治愈。

本……受酒液的清冽纯净，
……饮用啤酒。

ONE BY ONE 套杯

　　一米板啤酒最初源自国际酒类比赛，意为在长度为一米的木板上，放上待评选的各类啤酒，后来发展为酒吧常见的啤酒套杯组合。既可以作为畅饮前奏，又可以让消费者一次性体验多款不同风格的啤酒。

　　青岛啤酒兼顾饮酒仪式感与趣味性，创新推出ONE BY ONE套杯，迷你版的专酒专杯，从最初的四款啤酒，按麦芽浓度从低到高，分别是纯生、原浆、IPA、黑啤，口味依次递进。随着青岛啤酒产品线不断丰富，后又增加了两款啤酒：皮尔森和白啤，继而升级为配置六款生鲜啤酒的ONE BY ONE PLUS套杯。

　　青岛啤酒的这套酒器，饮酒时应遵循由浅及深、由淡及浓的法则，一杯接一杯，饮下六杯恰好微醺，气氛刚刚好。

■ ONE BY ONE

纯生　　　皮尔森　　　白啤　　　原浆　　　IPA　　　黑啤

■ ONE BY ONE PLUS

一杯接一杯 杯杯皆美好

—

在饮酒之时意犹未尽，
在微醺时刻进化感官，
前一杯沉醉于清爽的啤酒花香气，
后一杯便被浓郁朦胧的果香味侵袭，
变幻的口感，
犹如一支激情澎湃又宛转悠扬的曲目，
回味绵长。

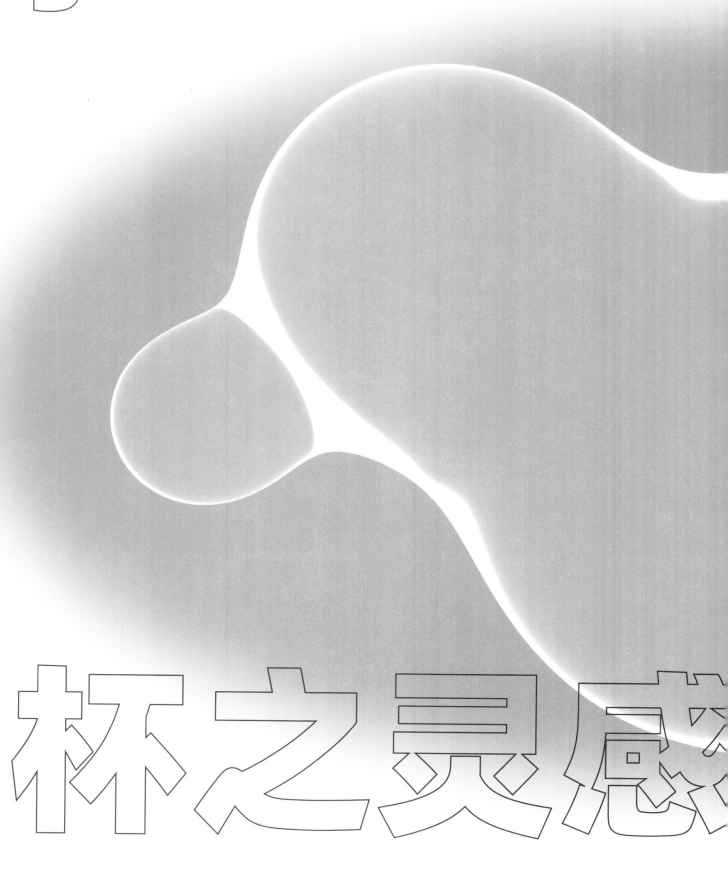

3'

杯之灵感

杯子是空的
正因如此
可以注入一切可能

杯子是空的
却正因如此
可以注入一切可能

特别的杯子SPECIAL GLASSES

IDEA

SPECIAL

2019 MISS WORLD TOURISM GLOBAL FINALS

2019世界旅游小姐冠亚季军

唇印签名杯

这一杯·见证时尚

THIS GLASS IS A WITNESS TO FASHION

2019年9月世界旅游小姐全球总决赛前夕，
来自五大洲30多个国家的世界旅游小姐，
在青岛啤酒博物馆的百年建筑红瓦绿树前，
以一场交织青岛啤酒与环球时尚的大秀，
为青青之岛绘下了一抹靓丽的难忘印记。

LIP PRINT GLASS

唇印杯型的设计曾荣获设计界奥斯卡—德国IF大奖

朱唇轻启，
温柔了岁月，
更惊艳了时光。

RASTAL
0,5l

青岛啤酒博物馆以此为灵感，定制打造了世界旅游小姐冠亚季军唇印签名杯。
杯身采用进口水晶材质，高透光率看着更赏心悦目，下阔渐收腰，曲线杯身，
婀娜多姿像极了唇印的主人，一位亭亭玉立的佳丽，一杯集齐冠亚季军三位佳丽的唇印及签名，
具备收藏价值，更让生活充满时尚感。

CONSTELLAT

ON GLASS

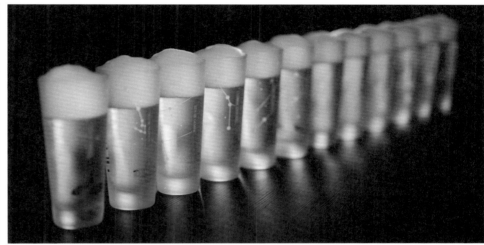

拾贰骄傲星座杯
这一杯·见证骄傲
THIS GLASS IS A WITNESS TO PRIDE

青岛啤酒"拾贰骄傲"星座系列上市，
一款自带社交基因的啤酒，
为迎合年轻消费群体，
十二星座杯由此诞生。
采用磨砂质感杯身，
符合"颜值即正义"的潮流，
采用经典美式品脱杯造型，
彰显一种天生骄傲的处世态度，
透明的品牌标识与十二星座符号的设计，
让每一个星座杯都拥有独特的骄傲气质。

beer colour

EBC欧洲标准/SRM美国标准

啤酒的颜色，通常用色度EBC/SRM来测量，
数值越大颜色越深，
比如青岛纯生的色度4.5EBC，
而青岛啤酒IPA，
其色度能达到30EBC，
啤酒的颜色深度主要来源于麦芽。

1950年，ASBC（美国酿造化学家协会）创建SRM

这一杯·见证专业
THIS GLASS IS A WITNESS TO EXPERTISE

CHROMATOGRAPH GLASS

色谱杯

杯子设置0.15L专业品酒线，
TEKU水晶的独特设计，
经典郁金香杯型，外观轻盈优美，
收拢颈口降低空气接触面积，更可以聚拢香气，
杯面专业的色谱为品尝啤酒的同时增添更多互动乐趣。

COLORFUL
BEER

NINE-STEP
FILLING UP METHOD

九步打酒法
每打一杯青岛啤酒都是满满的仪式感

Ⅰ 排水引酒
每天第一次打酒前，管道里的残留净水足有1.5L，为防止打酒时产生过多泡沫，排净水是必要的第一步。

Ⅱ 品味观色
先来一杯品评酒体，酒液是否无异物和杂味，保证接下来给出消费者的啤酒品质没有问题。

Ⅲ 冰水浇杯
冰杯是采用专业冰杯器，从消毒柜中拿出已经清洁完毕的杯子后，将杯口朝下，启动冰水冲玻璃杯3～5秒，至杯子表面呈气雾状，这一步是为了冷却玻璃杯，有助于形成和保持理想的泡沫。

Ⅳ 滤其首注
打开酒头阀门，排出酒液约1秒，这个泡沫如果不排除，接来下酒体中泡沫会较多，对整体出品有影响。

Ⅴ 旋流取酒
手拿杯底45°斜握玻璃杯，置于酒柱下，使酒液呈涡流状倒入酒杯，沿杯壁倒至杯子半满。

Ⅵ 收杯冠沫
当泡沫到达杯口处时，慢慢扶正酒杯，在酒液中间倒酒，随着倒满酒杯，形成适量的泡沫头。

Ⅶ 移杯止沫
随着泡沫达到玻璃杯顶部，关闭酒头将杯子移出。整个打酒过程酒头不可与玻璃杯有任何接触，若发生泡沫外溢，可将酒杯浸入冰桶，再自然提出水面，外溢泡沫就会消除。

Ⅷ 度量泡沫
检查泡沫层，酒液有细腻明显的泡沫覆盖，根据不同杯型，控制泡沫高度3±1cm。

Ⅸ 完美呈现
打酒结束后将杯子上的LOGO朝向顾客摆放，置于专属杯垫上，向顾客介绍此风格啤酒的名称及特点。

DRINKING STYLE

HaJo Yaa
TSINGTAO BEER

无论喝酒不喝酒，
这只走路摇摆，
晃晃悠悠的HaJo Yaa，
正式入驻TSINGTAO 1903哈酒大本营。

HaJo Yaa

虎笑运来

ANNIVERSARY GLASSES

——

**青岛啤酒
百廿华诞纪念杯**

杯身图案为女神宁卡西，
堪称苏美尔神系中历史最久远，
影响范围最广的神祇之一，
她被当作啤酒的象征及啤酒酿造业的守护者，
苏美尔人祝酒时常说，
"Nin-kasira"（向宁卡西致敬），
相当于今天的"干杯"。

À BOIRE

CHEERS

干杯

НАЗД...

SKÅL

20
2003
2023
青岛啤酒博物馆
TSING TAO BEER MUSEUM

건배!

EGÉSZSÉG...

WĀHI

WIJNGLAS

CANGKIR

—

青岛啤酒博物馆
20周年纪念杯

为了纪念青岛啤酒博物馆20周年而设计，
灵感源自博物馆喷泉雕塑杯子的外形，
杯身印有世界各地语言的"干杯"字样，
相聚二十，邂逅美好，
百廿青啤，与世界干杯！

RITZENHOFF

0,1l

THIS GLASS IS A WITNESS TO TASTE

MINI TASTING GLASS
迷你品鉴杯
这一杯·见证品位

啤酒的品鉴就是一个观其色、闻其香、品其味的过程，
采用透明无色的小杯子，便于品鉴，
直口杯形可以聚拢酒的香气，便于品香，
选择0.1L的容量"小酌怡情"，便于品度，
小杯设计更显含蓄内敛、温文尔雅气质，便于品鉴。

TULIP GLASS 郁金香杯

举杯之时尽显优雅的杯型
特别适合展现时光海岸精酿之韵味

青岛啤酒时光海岸精酿系列，
每一款都是一种艺术品，
值得我们去细细品味。
以郁金香杯呈现，
将酒杯靠近鼻子后深吸几口气，
饮之酒花香，回味精酿的不同。

RITZENHOFF
0,3l

这一杯·见证自由
THIS GLASS IS A WITNESS TO FREEDOM

外形貌似一朵盛放的郁金香，
从下方先突起，再内束，最后再微微向外绽放，
收拢的颈口是凝聚香气，
而往外翻的杯口则可凸显泡沫，
大杯小口的设计便于摇晃酒杯，
促进啤酒内沉淀物的稀释，
纤薄底座上延伸出优雅无比的握柄，
既能预防手温影响酒液温度，
也能避免手上其他气味的混淆。

RITZENHOFF

0,33l

AMBER
LAGER GLASS
琥珀拉格杯

THIS GLASS IS A WITNESS
TO ARTISTRY

这一杯·见证艺术

琥珀拉格是青岛啤酒发布的艺术酿造新产品，
满足了消费者从使用产品到享受生活的消费需求。
选用20世纪初期流行的圣杯造型，
品鉴琥珀拉格这种浓醇型啤酒，
杯口宽阔，有助于感受酒花香和果香的融合协调，
杯肚宽广，完美呈现纯粹的琥珀金色（色度18EBC），
慢慢品味顺爽香醇、苦感柔和的酒体。

国宴杯
这一杯·见证自信

这款带有青岛啤酒标识的酒杯，无论从器型还是视觉设计上，都非常符合国宴的气质，是为配合2018年上海合作组织青岛峰会而特别呈现的啤酒专用杯，成为国宴会客桌上的醒目存在。

RITZENHOFF
0,3l

CENTURY JOURNEY GLASS
百年之旅杯

水晶材质具有更好的折光性，
举起酒杯，对着光线旋转，透过杯体反射出酒液光线，
轻轻敲击，酒杯发出清脆的金属声响，
在空气中荡漾出优美的余音。
微微开口的设计带出啤酒的芬芳与醇香，让繁复细腻的酒体得以大放异彩，
优雅持杯，浮光碰撞，莹润动人，轻易唤醒所有感官，满足啤酒爱好者和专业人士的饮酒需求。

青岛啤酒"百年之旅"，
以匠心传承百年，以艺术开启纪元，
独一无二的815毫升容量，
为纪念1903年8月15日青岛啤酒初创的时光，是所谓的不忘与回响。

这一杯·见证匠心
THIS GLASS IS A WITNESS TO INGENUITY

把百年之旅缓缓地倒进酒杯，独特麦芽浓郁的麦香瞬时弥漫在空气里，
让人耳目一新的琥珀色酒液，浸润着纯粹华贵的醇金光泽，透露出夺目光彩的华贵气息，
慢慢品饮，感受舌头与口腔里润滑丰满的啤酒质感，
再尝一口，酒体香醇顺柔，口感层次丰富清晰，回味无穷。
独特的酒花香与特种麦芽形成的焦糖香，相融相生，浓郁不散，
这是一种令人忍不住就此沉下去的味道，浓郁又柔顺，丰富又和谐，厚重又纯粹。

一世传奇杯
LEGENDARY LIFE GLASS

RASTAL

0,3l

这一杯·见证传奇
THIS GLASS IS A WITNESS TO LEGEND

　　"嘭"！当木塞欢快脱出，酒瓶清脆开启，琥珀色的酒液注入酒杯，顷刻间芳香四溢……百年前青啤的第一桶啤酒，曾于橡木桶中贮藏。"一世传奇"酒液采用两段法低温慢熟，回归古法，在技艺毫厘不差、毫秒无误中，雕琢传奇的内涵。百年啤酒酵母，在酿制技艺淬炼中完成了神奇的进化，首创23.9°P全麦超高烈性拉格酿造技术，衍化出不同凡响的醇与烈，突破酒度、风味及储存时间极限，开启新纪元，为一世传奇。

　　专杯将"一世传奇"色度30EBC的神秘琥珀红完美呈现，外张的杯缘有助于扩香，让饮者感受传奇的百味芳香、繁复口感，成百般酒香于一饮，传奇的味道，永远值得铭记。

于人生中重要的时刻开启，
纪念或欢庆，
赠与生命中敬与爱的人。
以此为谢，
如礼如仪。
传奇如星辰，经世闪耀，终被仰望，
于细微见乾坤，
与你巅峰相见。

RITZENHOFF
0,1l

HLB
4l

FROM CHINA
TO THE WORLD

这一杯·见证荣耀
THIS GLASS IS A WITNESS TO GLORY

荣耀之杯4L

2017年青岛啤酒远销全球100个国家，
为此定制打造4L版的荣誉之杯。

杯型源自"圣杯"，
高脚杯型的设计，
杯身设计以全球举杯共分享为主题，
将青岛啤酒的国际化布局地图作为底纹，
彰显一杯啤酒，连接世界。
同时遴选青岛啤酒发展历史上，
最具有里程碑意义的重要事件或成就，
印制于国际化布局地图上，
树立中国品牌的榜样力量，
持续奏响"新全球化"的大美和声。

1903

2016

1993

1964

2017 1906 2007

2015

2010 2003 1991

HONOR GLASS 6L
荣誉之杯6L

杯口直径17厘米，有助于酒体产生并保持良好的泡沫，杯身高53厘米，杯壁较厚，空杯重2250克是最有"份量"的杯子。杯口镶金边的设计，大气且有质感。

纪念版6L

2019年，青岛啤酒博物馆为庆祝祖国70周年华诞定制纪念版6L青岛啤酒荣誉之杯。这一"杯"，满载荣誉，满溢祝福，共饮这杯，同愿祖国盛世繁华。

1906年
慕尼黑国际博览会金奖

1963年
全国名酒金质奖章

1980年
国家质量奖

2018年
欧洲啤酒之星

2018年
世界锦标赛金奖

扎啤杯是世界上使用范围最广的啤酒杯，它的特点是大、重、厚、有手柄。厚重且结实，完全可以尽情碰杯，酒液升温也不会那么快，比较适合热闹的环境。

于

RASTAL
0,5l

啤杯
JAR GLASS

**THIS GLASS IS A WITNESS
TO GATHERING**

这一杯·见证欢聚

青岛啤酒的扎啤杯，除了沿用经典扎杯的杯型外，杯身设计别具一格，将青岛啤酒6L荣誉之杯上沉甸甸的奖章印制在杯体上，以扎啤杯为承载物，让荣耀更贴近消费者，荣誉共庆，美好同行。

袋袋香传 （2L外卖袋装）

BAG OF FRAGRANCE SPREAD (2L TAKEAWAY BAG)1903

青岛，有种骨子里的文化"哈啤酒"，从街头到巷尾，都弥散着酒香，
当然，还有最特别的"啤酒装进塑料袋"，仿佛刻进了青岛人的DNA，
构成这座城市的生活味道与文化符号，
每天傍晚时分，忙碌一天的人们手提袋装啤酒穿梭于大街小巷是青岛独有的风景，
首创2L即饮型啤酒外卖装，
在时尚进阶的道路上，青岛精神，袋袋香传。

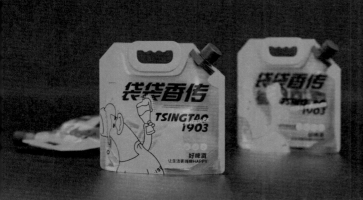

1903
BEER JUG
1903啤酒壶（2L）

　　早期的青岛啤酒产量不大，作为一种"摩登"奢侈生活和社交场合身份的象征。解放后的一段时期内，啤酒仍是老百姓生活中的稀缺品。20世纪70年代，青岛市民只有在国庆和春节才能领到限量供应的"啤酒票"，而散装啤酒消费则不受限制，所以当时青岛市面上就流行过用大粗白碗和罐头瓶喝啤酒的潮流。80年代初，把酒拎回家的工具多是烧水壶（青岛话：燎壶）和暖瓶。

　　2L罐传承酒壶文化，开拓想象，升级迭代，设计时尚、容量大、易携带，特别针对注重产品差异化的年轻人设计，以独特个性引领饮酒新方式。罐子不仅可循环使用，也是"身份"的象征，消费者到TSINGTAO 1903门店自带2L罐购买啤酒可立享优惠折扣。

CRAFT
BEER JUG
精酿啤酒壶
(2L)

19世纪末期，
人们曾用铁桶、水罐、陶罐、玻璃罐等容器，
将啤酒从酒吧打包回家，
这就是GROWLER"咆哮者"啤酒壶。
这些"咆哮者"之所以得名，
是由于啤酒在桶内晃动时，
加上二氧化碳逸出共同产生了类似咆哮的声音。

青岛啤酒时光海岸精酿工坊上新的2L玻璃酒壶，
用来灌装精酿啤酒，
大容量、易携带、颜值高、可循环利用，
让人们可以在家就享用正宗的啤酒，
味道犹如在酒吧一样新鲜。

1L*3

三升一酒兴

青岛酒馆

S AN
S HENG
JIU XING

自古有云"酒杯一举必三升",
创新饮酒神器"三升酒兴",
首创可拆分造型,
1L*3三升三味,
开则兼容并蓄,合则包罗万象。
干杯时刻,举一得三,
三升酒兴,干杯尽兴。

博物馆是保护和传承人类文明的重要殿堂，
是连接过去、现在、未来的桥梁。

青岛啤酒博物馆，
以酒杯承载美好记忆，
让啤酒历史典藏诉说，
浸润在酒香里的故事，
无界之境，美美与共，每刻都美好。

博物典藏

青岛啤酒博物馆
TSINGTAO BEER MUSEUM

美美与共

TSINGTAO BEER MUSEUM
青岛啤酒博物馆

　　青岛啤酒博物馆坐落在青岛啤酒发源地登州路56号，将百年青岛啤酒工业遗产与现代化生产区域相结合，在保护开发工业遗产的基础上，打造出可寻访历史、探秘工艺、啤酒品鉴、啤酒娱乐于一体的创新型景区。多年来，青岛啤酒博物馆不断升级沉浸式体验场景、升级快乐惊喜服务体验，打造啤酒+创新型业态，不断探索行业创新化发展边界，被誉为"中国工业旅游的旗帜"。

全国重点文物保护单位

国家一级博物馆

中国最具价值品牌500强

中国酒业十大文化影响力品牌

国家工业旅游示范基地

全国工业旅游创新单位

国家文化和科技融合示范基地

全国科普教育基地

国家AAAA级旅游景区

全国十佳文化遗产旅游案例

·春·   ·夏·

感谢每一棵植物，
让四季轮回，各有风采，
让青岛啤酒博物馆收获"醉美博物馆"的四季美景。

· 秋 ·

· 冬 ·

FOUR SEASONS OF
THE MUSEUM

TRAVEL
WITH THE
MUSEUM
玩转博物馆

青岛啤酒博物馆的N种玩法，
每一种都充满了不期而遇的惊喜。

MUSEUM GOLDEN ENCHANTED NIGHT

博物馆金色奇妙夜

以酒造梦 以剧会友

　　这是青岛首个多维沉浸式夜游，首创博物馆实景音乐剧的互动演绎，带来神秘奇幻新感知，开启夜逛博物馆新玩法。

AWAKENING BREWER

觉醒的酿造师
青岛啤酒博物馆实景穿越剧游

实景场地，真人NPC，穿越民国，潜伏暗战，
首创的博物馆参观+沉浸式剧本杀新玩法，
成功俘获了众多年轻群体的心，
收获海量玩家的好评口碑。

荣获中国首届"长城奖·文旅好品牌"重磅荣誉

酒以城名
城以酒香
一杯酒里的城市故事
LOVE QINGDAO
LOVE BEER

VINCENT VAN GOGH
在麦浪间感受啤酒的灵魂

麦田里的丝柏树

文森特·威廉·梵高

1889年；布面油画
纽约大都会艺术博物馆

酒以城名
城以酒香
一杯酒里的城市故事
LOVE QINGDAO
LOVE BEER

BEER PALACE

《BEER·PALACE》是由12000个
青岛啤酒瓶组成的啤酒奇幻迷宫。

欢迎大家在装置里的许愿池
投放进自己的美好愿望

展览结束后我们将随机抽取
120位幸运观众
赠送展览专属礼物

SUPER BEER

国内首个啤酒主题的潮流文化艺术展，
探讨啤酒物品之外的人文意义，
解构啤酒的不同定义，
体验沉浸式的啤酒嘉年华，
体会关系美学理念为啤酒社交注入的新活力。

青岛啤酒
博物馆复古杯

TSINGTAO BEER
MUSEUM
RETRO GLASS

1906年欧洲慕尼黑啤酒博览会，青岛啤酒一举斩获了中国酒业的第一枚世界金奖。

现今，这张1906年的证书被珍藏在青岛啤酒博物馆的展厅里，承载了百年荣耀的青岛啤酒，如今也坚守着百年如初的品质与责任。

青岛啤酒博物馆也将这份至高荣耀用"特殊方式"延续下去，以慕尼黑金奖证书为贯穿整体的视觉符号，由此设计了一款陶瓷啤酒杯，也将时光之中的历史印记镌刻在文化创意衍生品之上，点滴历史印记沉醉于酒香，让"文物"生动起来。

青岛啤酒
90周年陶瓷杯

复古浮雕陶瓷杯

青岛啤酒120周年
陶瓷杯

CBC天禄奖

青岛啤酒时光海岸上新17款精酿，
凭借更高的酿造水准、创新的酿造工艺和优秀的风味表达，
在亚洲最大的国际啤酒赛事——
中国国际啤酒挑战赛上荣获多项重磅奖，
为"中国啤酒之都"的城市名片再添精彩。

 **CBC** CHINA INTERNATIONAL BEER CHALLENGE
中国国际啤酒挑战赛

四星·天禄奖
小麦博克

三星·天禄奖
全麦拉格
西柚酸啤
比利时四料
百年国潮

二星·天禄奖
藤椒赛松
酸艾尔

一星·天禄奖
草莓西柚
绝世红颜
暖啤
烈性艾尔
三料IPA
烈性世涛

·小麦博克

·西柚酸啤

·全麦拉格

·酸艾尔

·暖啤

·藤椒赛松

草莓西柚

烈性世涛

三料IPA

烈性艾尔

CBC CHINA INTERNATIONAL BEER CHALLENGE

SINCE 1903

reddot winner 2022
packaging design

■ 德国红点奖
(Red Dot Award)
（2022年）

MUSE
DESIGN
AWARDS

■ 美国缪斯设计奖
(MUSE DESIGN AWARDS)
（2022年）

SILVER
WINNER
A'DESIGN AWARD
& COMPETITION
2022

■ 意大利A' 设计大奖
(A' DESIGN AWARDS)
（2022年）

TSINGTAO BEER
GIFT BOX

酒以城名·城以酒香

BEER IS NAMED AFTER CITY
CITY IS PERFUMED WITH BEER

　　设计灵感源自"因一杯酒爱上一座城"的故事，采用插画风格，以青岛啤酒文化符号与标志性的青岛地域符号，展示了啤酒品牌与城市文化在百年间的相互融合、相得益彰。当你打开礼盒，如同进入啤酒新世界，将会邂逅不期而遇的美好。

醉美青岛473铝瓶

reddot winner 2022
packaging design

■ 德国红点奖
（2021年）

MUSE
DESIGN
AWARDS

■ 美国缪斯设计奖(MUSE DESIGN AWARDS
（2022年）

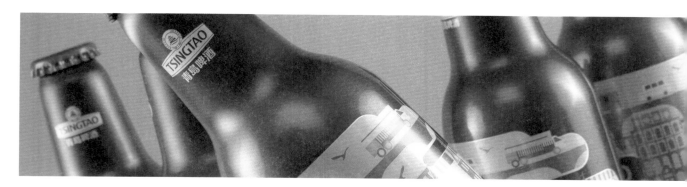

三星高照355铝瓶

■ 美国缪斯设计奖(MUSE DESIGN AWARDS)
（2022年）

5'

啤酒社交

1903

Story

满上干杯

BEER SOCIALIZING

很多人认为红酒是最有文化的美酒，其实啤酒的起源可以追溯到公元前10000年，距今约12000年。它不但是酿造技艺的体验，更是历史文化和美好生活的载体，而消费者需要的也不只是一瓶啤酒，还有从产品到场景的创造力。青岛啤酒敏锐洞察这些需求，不断为消费者创造了多种场景。

2014年开设第一家
TSINGTAO 1903 社区客厅

**In 2014, the first
TSINGTAO 1903 Bar was established.**

以时尚个性化的设计，打造了一个更年轻化、更环保、更酷、更亲切、更有交流性的社区酒吧，为消费者打造家门口的"第二客厅"，让青岛啤酒走进社区，将啤酒文化融入社区生活，这里不仅售卖生鲜啤酒，也售卖美好的社区生活方式。

TSINGTAO 1903首店
凭借超前的商业模式和创新的空间设计
获得2015年意大利A' Design Award
白金设计大奖

啤酒社交场景

TSINGTAO 1903 青岛酒馆

好啤酒，让生活更美好！

率先打造行业首创社区商业新模式
国内首个单品牌啤酒酒吧
创启啤酒消费新模式

　　打通"最后100米"的啤酒文化传播平台、经济平台、体验平台。TSINGTAO 1903 传承了青岛啤酒的百年文化，以酒为媒，始终坚持以消费者为中心，通过升级传统消费、创新消费场景，孕育出特有连锁商业体验品牌，践行"好啤酒让生活更美好"的生活理念，为城市新消费发展注入"青岛啤酒的时尚动力"，更成为城市消费者打开时尚新生活的一把钥匙。

　　TSINGTAO 1903时尚酒吧项目被写入《中国城市夜经济影响力报告》入选酒馆行业十大品牌。

BEER & STORY

1903社区店·碰个杯遇见好邻居

GANBEI

A BEER GETAWAY
TSINGTAO TIME·CRAFT BEER GARDEN
青岛啤酒时光海岸精酿啤酒花园

作为青岛啤酒打造的规模最大、业态最全、体验最丰富、影响力最大的沉浸式啤酒+生活体验MALL。距离海岸线直线距离仅有80米的1903时光精酿工坊，让游客畅享"对酒当歌"的豪情和浪漫，在度假酒店，一边欣赏无敌海景，一边沉浸式体验纯粹的啤酒文化，让所有体验的客人乘着海风而来，枕着酒香入梦 ……

SHORES
OF
TIME

青島啤酒·时光海岸
精 酿 啤 酒 花 园

时光海岸度假酒店 荣膺

2022年度中国旅游度假创新案例
青岛市"十佳文化主题饭店"推荐评选活动第一名
"携程五钻酒店"
"最具人气热卖酒店" "最佳创意设计酒店"
"青岛豪华酒店TOP10" "优秀互联网实战酒店"

TSINGTAO TIME

 1903 时光精酿工坊
TSINGTAO TIME CRAFT BREW

 青岛啤酒时光海岸度假酒店
TSINGTAO TIME RESORT HOTEL

金樽威士忌俱乐部
JINQUE WHISKY CLUB

 沐遇汤谷
BEER SPA

 膨胀酵主
SUCCESSOR BAKING
MASTER PUFFY

精酿生活MALL

自在好时光

12个时辰24个小时一时有一时的色彩，
时间刻度投射在时光海岸，
每分每秒都是动人时光。

与传奇·共传奇

中山路壹号·传奇CLUB

NO. 1 ZHONGSHAN ROAD · LEGENDARY CLUB

青岛俱乐部（TSINGTAU-CLUB），
旧址位于中国青岛市市南区中山路1号，
这是青岛的第一个俱乐部，也是第一个以"TSINGTAU"命名（与青岛啤酒同名）的俱乐部，作为曾经名流社交聚会的场所，
这里曾上演着青岛最繁华的浮光掠影，
如今CLUB以复古姿态归来，昔日的青岛国际俱乐部，今日成为青岛的一张新名片——中山路壹号·传奇CLUB，
青岛啤酒与城市相伴而行，注定百年老建筑将再续新传奇。

MIX 1903 青岛酒馆 （淘醉里院）

城市更新·啤酒活力激活城市记忆

"行于里，居于院。"里院承载着青岛人生活的时光印记，
当百年里院遇见青岛啤酒，形成了青岛啤酒首个MIX城市文化主题酒馆，
这里不仅复刻经典人文内涵，也融入啤酒餐饮、文化茶饮、创意烘焙等七大创新业态，
在重现历史风韵的同时释放现代引力，
喝酒用我们小时候的罐头瓶，菜单是以前的老报纸，还有大茶缸子和铁饭盒，满满都是情怀，
走入1903青岛酒馆MIX淘醉里院，走入老城烟火，也走入温柔时光。

与城市生活密不可分

说起城市记忆，
在每一代青岛人的成长记忆中，
一定都有着青岛啤酒的烙印。
酒以城名，城以酒香，
青岛啤酒是青岛这座城市的"专属味道"，
而酒杯承载的则是独具生命力的"专属记忆"。

历经时代发展的酒杯，
书写着属于它的传奇故事，
从专酒专杯到文创酒杯，从啤酒社交到国宴峰会，
用酒杯打包青岛啤酒记忆，
把百廿青啤的每一个专属故事，
慢慢讲给你听。

青岛啤酒
镌刻着记忆的年轮

历史追溯到1903年，
彼时青岛建置不久，这一百多年以来，
青岛啤酒与青岛的关系如血脉相连，
历经诸多变革与创新。
现如今，"1903"不仅是一串数字，
已然发展成为一系列新业态，
一种商业模式，一个时尚新品牌，一枚文化符号。

美好生活

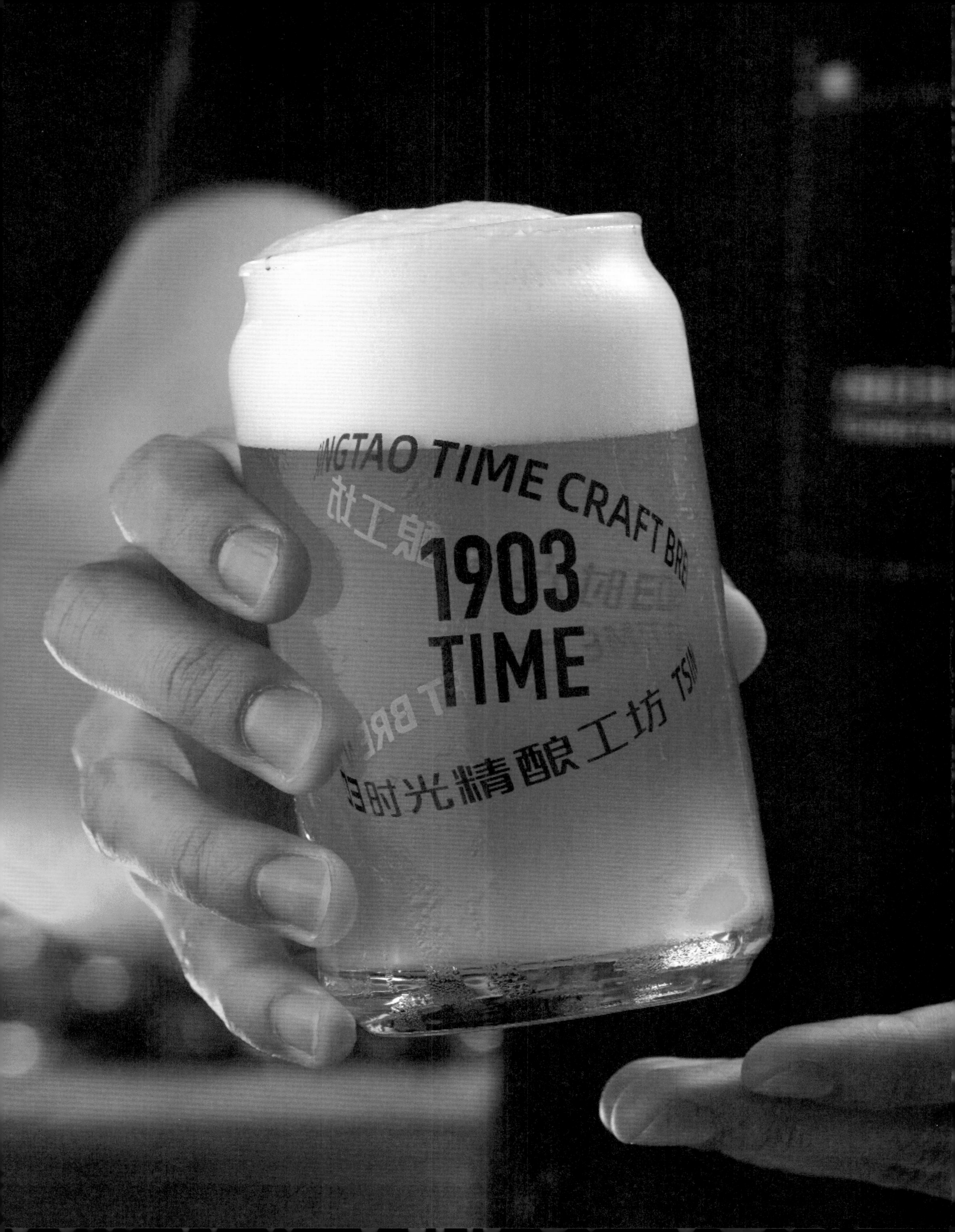
TIME CRAFT
1903
TIME
时光精酿工坊

城市烟火 美好生活

啤酒带给
生活以快乐
无所不在

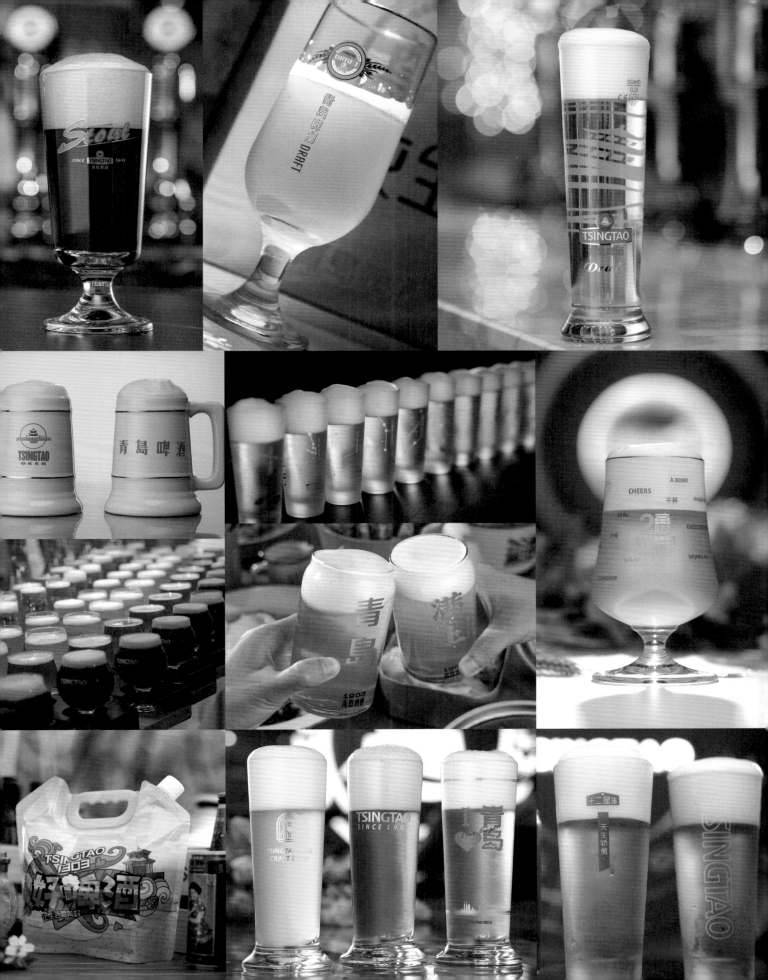

TSINGTAO GTA O

期许……

从罐头瓶子到大海碗，从塑料袋子、燎壶到专用啤酒杯，
从街边大排档到啤酒屋、青岛酒馆……
饮酒器皿的更替，喝酒场景的变化，代表人们生活方式的转变，
更代表了青岛啤酒与城市共同成长的美好心愿。

FUTU
PROS

RE
PECTS

俯瞰青岛啤酒博物馆的发展：青岛啤酒的文旅生态旨以深入研究和延展啤酒文化为核心，以工业旅游产业为根基，打造啤酒+文旅综合体，延展更多高品质复合型啤酒文化场景，不断更新消费者对美好生活方式的体验。

———

这一杯，致敬青岛啤酒博物馆，

愿时光如星砂，灼灼其华，

将快乐的过往留存成美好的记忆，

让我们，一起共赴下一个美好二十年。

———

图书在版编目（ＣＩＰ）数据

时光之器 / 青岛啤酒文化传播有限公司编著. -- 青
岛：中国海洋大学出版社, 2023.11
ISBN 978-7-5670-3710-6

Ⅰ.①时... Ⅱ.①青... Ⅲ.①酒具 - 介绍 - 中国
Ⅳ.①TS972.23

中国国家版本馆CIP数据核字(2023)第228636号

时光之器
VESSEL OF TIME

出 版 发 行	中国海洋大学出版社
社　　　址	青岛市香港东路 23号
出 版 人	刘文菁
网　　　址	http://pub.ouc.edu.cn
邮 政 编 码	266071
订 购 电 话	0532-85902533
责 任 编 辑	邹伟真 刘琳
印　　　制	青岛乐之泰实业有限公司
版　　　次	2023年11月第1版
印　　　次	2023年11月第1次印刷
成 品 尺 寸	210mm＊270mm
印　　　张	9.5
印　　　数	1~1000
字　　　数	154千
定　　　价	399.00元

发现印刷质量问题，请致电4001681903，由本公司负责调换。